AF578943

LE THÉ DE L'EUROPE,

OU

LES PROPRIETÉS DE LA VERONIQUE,

TIRE'ES

Des Observations de M. FRANCUS, Médecin Allemand, & de celles de plusieurs Médecins François.

Nouvelle Edition, augmentée.

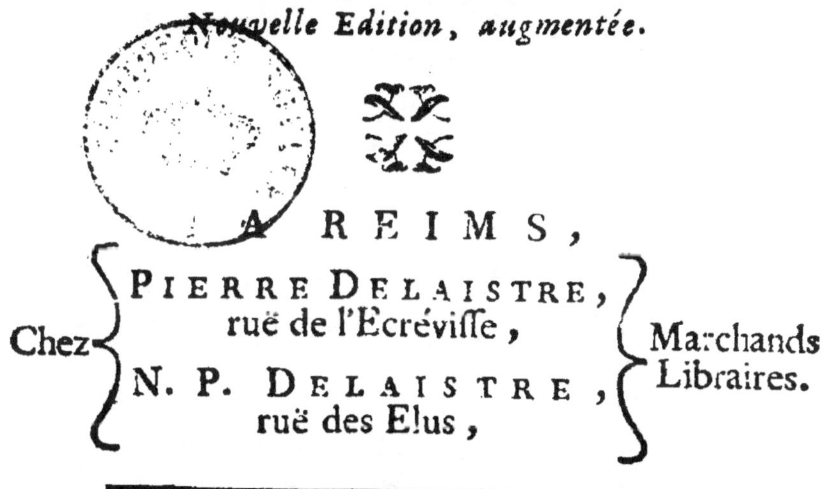

A REIMS,

Chez PIERRE DELAISTRE, ruë de l'Ecrévisse, N. P. DELAISTRE, ruë des Elus, Marchands Libraires.

M. DCC. XLVI.

AVEC PERMISSION.

PREFACE.

LA Véronique, qu'on appelle à présent le Thé de l'Europe, est un de ces Simples si admirables, & d'une utilité si grande, qu'on ne sçauroit trop instruire le Public de ses différentes proprietés.

Cette Plante est vulneraire, diurétique, propre pour purifier le sang, pour débarasser le poulmon chargé de matieres gluantes, & pour la guérison d'une infinité de maladies.

De l'aveu de nombre de Médecins qui ont excellé dans leur Art, la Véronique est de toutes les Plantes une des plus salutaires.

Un Auteur anonyme, qui avoit vu dans le Journal des Sçavans du mois de Janvier 1703, un extrait du Traité composé par M. Francus, célebre Mé-

decin de la Ville d'Ulme en Franconie, * *fit imprimer à Reims en* 1707, *un Livre, dans lequel sont détaillées les vertus singulieres de cette Plante. Cet édition de* 1707 *est aujourd'hui épuisée, & on ne retrouve ce que M. Francus a dit de la Véronique, que dans le Dictionnaire Oeconomique, où l'Auteur a véritablement rapporté les Observations de ce sçavant homme. Mais comme tout le monde n'est pas curieux de faire emplette de ce Dictionnaire, dont le prix ne laisse pas d'être considérable, que d'ailleurs on a quelques observations nouvelles de plusieurs Médecins François sur l'usage de la Veronique, on a cru devoir donner au Public la présente édition, qu'on a pris soin d'orner de la figure des deux espèces de Veronique mâle & femelle.*

L'Ouvrage de l'Auteur anonyme est augmenté de beaucoup; & au lieu que

* Ce Traité est intitulé, *Veronica Theesans, &c. Lipsiæ & Coburgi.* 1700.

dans l'ancienne édition il est divisé en cinq Chapitres, on l'a divisé en sept dans celle-ci.

Le premier Chapitre contient la description exacte de la Veronique, afin qu'on ne la confonde pas avec quelques autres espèces de ce même genre, comme cela n'arrive que trop souvent dans l'usage des Plantes.

Le second parle de son analyse.

On voit dans le troisiéme sa comparaison avec le Thé.

On rapporte dans le quatriéme les vertus de la Veronique.

Le cinquieme renferme toutes les Observations de M. Francus.

Le sixiéme, celles qui ont été faites dans la Ville de Reims, & Villages circonvoisins.

Et dans le septiéme, on donne la composition de l'onguent merveilleux qui se fait avec la Veronique femelle, & qui est très bon pour les ulceres, les cancers, les tumeurs scrophuleuses, les écrouelles, la lépre, la galle, & toutes sortes de maladies de la peau.

On parle aussi du Rob de Veronique, qui est spécifique pour les maux de poitrine, & pour faire évacuer les mauvaises humeurs par les urines

En un mot, tout ce qu'on peut tirer d'utile de la Plante de la Veronique des deux espèces, est expliqué dans le présent Traité. On espere que le Public en sera satisfait.

LE THÉ DE L'EUROPE, OU LES PROPRIETÉS DE LA VERONIQUE.

CHAPITRE PREMIER.

Description de la Veronique.

ON a poussé la connoissance des Plantes si loin dans ces derniers temps, que l'on a découvert jusqu'à cinquante-deux espèces de Veronique. *

* *Inst. Rei herb, pag. 143. & Coroll. pag. 7.*

Les deux espèces dont nous parlons en ce Livre, s'appellent communément en François, Veronique mâle, Veronique femelle; en Latin, *Veronica mas, supina & vulgatissima*, G B. *Pin.* 246.... *Veronica vulgatior, folio rotundiore*, J B. 3. 282. Tabernæmontanus en a donné une assez bonne figure, sous le nom de *Veronica*, qui vaut mieux que celle de M. Francus. Le mâle naît & croît dans les Bois, dans les taillis, dans les bruïeres, & sur le bord des champs sablonneux. On en trouve beaucoup aux environs de Reims, & sur tout dans les Bois de Saint Basle. La femelle se trouve abondamment dans les prés, dans les marais, dans les terres labourées, & se cultive dans les Jardins.

La racine de la Veronique mâle est épaisse au colet d'environ une ligne, brune, garnie de fibres roussâtres, peu cheveluës, déliées

& longues de deux ou trois pouces. Ses tiges ſont couchées ſur terre, noüeuſes, veluës, & jettent des premiers nœuds, quelques fibres ſemblables à celles de la racine : c'eſt par le ſecours de ces fibres, que la Plante ſe multiplie. Les tiges ont quelquefois neuf ou dix pouces de long, ſuivant la bonté du lieu où elles naiſſent : elles ſont d'un verd pâle, veluës, rougeâtres en quelques endroits, ligneuſes, rondes, épaiſſes d'une ligne, accompagnées de feüilles oppoſées deux à deux à chaque nœud : ces feüilles varient par rapport au terrain. On trouve des pieds de Veronique, dont les feüilles ſont plus grandes ou plus petites ; ordinairement les inferieures ont un pouce de long, ſur ſept ou huit lignes de large ; elles ſont fort pointuës à leur naiſſance, & retraiſſies en maniere pedicule, arrondies à leur extrêmité, crenelées sur les bords en dent de scie, vert-pâle parsemées de poils, qui les rendent douces & comme veloutées. Celles qui sont vers le milieu de la tige & au-delà, sont plus grandes que les premieres, plus pointuës à leur extrêmité, & attachées aux tiges sans pédicule: les tiges se relevent ensuite jusqu'à la hauteur de sept ou huit pouces. La figure de Tabernæmontanus, ne les represente pas assez courbes. Des aisselles des feüilles naissent dès le bas, des branches quelquefois simples, quelquefois subdivisées en deux brins, & garnies de feüilles semblables aux autres. Ces brins sont chargés de fleurs assez ramassées lorsqu'elles commencent à paroître, puis allongées en maniere d'épi de trois ou quatre pouces de long. Chaque fleur est d'une seule piéce, large de deux lignes, quelquefois davantage, percée dans le centre, terminée en derriere par un petit anneau blanchâtre, partagée en devant en quatre quartiers, dont celui d'en haut & les deux qui sont sur les côtés, sont assez arrondis; l'inferieur est fort étroit & pointu; les uns & les autres sont purpurins lavés, tirant sur le bleu, rayés de lignes plus foncées : on trouve quelques piés qui ont les fleurs blanchâtres, & quelques autres qui les ont de couleur de chair. M. Francus en a remarqué auprès d'Ulme, qui avoient les fleurs blanches, piquées fort proprement de points purpurins. Des bords de l'anneau s'élevent quatre étamines longues de deux lignes, bleuâtres avec des sommets de même couleur ; le calice qui est attaché contre les brins par une queuë de demi-ligne de long, est aussi divisé en quatre parties longues d'une ligne ; mais fort étroites ; du fond de ce calice sort un pistile aplati, vert-pâle, qui s'articule dans l'anneau de la fleur, & qui se termine par un filet très délié ; ce pistile devient dans la suite un fruit membraneux & plat, long de deux lignes & demie, coupé pour ainsi dire, en maniere de cœur, dans l'échancrure duquel se conserve encore le filet du pistile. Le fruit est d'abord vert-pâle, puis il devient brun ; l'interieur en est divisé en deux loges, par une cloison, qui de la pointe va se terminer à l'échancrure ; & ces loges sont remplies de quelques semences roussâtres, plates, presque rondes.

La racine de cette Plante est amere, mais les feüilles le sont encore davantage. On ne trouve point d'odeur considérable dans aucunes de ses parties : elle fleurit au commencement de Juin.

Il faut la cueillir en May, dans le temps qu'elle est prête à fleurir, parce qu'elle est alors dans sa plus grande force. Après l'avoir cueillië, on l'épluche: on choisit les plus belles feüilles, que l'on fait sécher à l'ombre, pour les conserver ensuite dans des boëtes ou sachets, & s'en servir au besoin. On croit que la meilleure Veronique vient au pié des chênes; mais l'experience n'a pas confirmé cette observation, non plus que celle de M. Francus, qui prétend que les feuilles de cette Plante n'ont plus de vertu, lorsque les fleurs paroissent. La Veronique femelle est en tout semblable au mâle, hormis que ses feüilles sont plus épaisses, plus vertes, plus rondes & sans dentelure: ses fleurs sont de couleur jaune mêlée de poupre violet, & sortent des aisselles de ses feüilles. Il s'en trouve (*comme le mâle*) dont les tiges & les feüilles sont plus grandes ou plus petites, suivant le terrain où elle croît.

L'une & l'autre espèce ont mêmes vertus. Le mâle est à la vérité meilleur & a plus de force, ce qui vient des endroits rudes, secs, & sauvages où il croît. La femelle est plus debile, parce qu'elle naît dans des lieux plus humides : elle a cependant beaucoup de vertus, comme les experiences qui en ont été faites en ce pays, tant de son eau distilée, que de l'infusion de sa Plante & de ses feuilles nous le prouvent. Nous les rapporterons dans les Observations qui seront ajoutées aprés celles de M. Francus, qui sont à la fin de ce Livre, au nombre de XL.

CHAPITRE II.

Analyse de la Veronique.

ON s'eſt ſervi des feüilles & ſommités de la Veronique fraîche, pilée & fermentée, juſqu'à ce que ſon odeur tirât ſur l'aigre. Il y a beaucoup d'apparence que dans cet état les principes des Plantes commencent à ſe déſunir ſenſiblement, & qu'ainſi la chaleur du feu bien ménagée, les ſépare avec plus de facilité. Cette précaution eſt néceſſaire pour les fruits vineux, qui donnent cet eſprit ardent & inflammable, que l'on appelle eau-de-vie, & que l'on ne ſçauroit tirer des Raiſins, des Figues, des Ceriſes & des fruits ſemblables, qu'après la fermentation.

Pour ce qui eſt des Plantes qui n'ont pas de ſuc vineux, on ne trouve pas grande différence entre leurs analyſes faites avec fermentation, ou ſans fermentation. Ainſi, l'on ne rapportera pas ici l'analyſe de la Veronique non fermentée, parce qu'elle ne differe pas de celle qu'on a faite de la même Plante bien fermentée.

Huit livres donc de cette Plante, diſtilées dans un alembic au Bain-Marie, ont donné cinq livres & ſix onces d'eau, que l'on a diviſées en treize portions, d'environ ſix onces chacune; les dix premieres étoient fort claires, d'une odeur aſſez forte, mais d'une ſaveur aſſez fade & douçâtre; les deux dernieres étoient jaunes, de couleur de paille, & leur odeur approchoit de l'empireume.

La premiere portion a rougi

la solution de Tournesol en rouge-brun.

La deuxiéme lui a donné une belle couleur de vin de Bourgogne.

La troisiéme l'a renduë couleur de cerise.

La quatriéme l'a fait paroître rouge orangé, mais vif.

La cinquiéme, & les autres, jusqu'à la dixiéme, ont fait de même.

Les quatre dernieres ont coloré la même solution d'un rouge plus fort, c'est-à-dire, moins orangé.

Toutes ces portions n'ont fait aucun changement avec l'huile de Tartre, ni avec l'esprit volatile de Sel ammoniac.

D'où il paroît que l'eau de Veronique est manifestement acide; mais cet acide est extrêmement volatile : car quoique cette eau ait de très-grandes vertus, ainsi que nous le dirons dans la suite; cependant si on la laisse évaporer jusqu'a siccité, elle ne laisse aucune sorte de résidence, non plus que les autres eaux distilées. Il est des matieres qui agissent vivement, quoiqu'elles soient divisées à un point où il semble que leur vertu devroit être détruite : Par exemple, l'eau où les pommes de Coloquinte ont infusé quelque temps, filtrée & évaporée, ne laisse presque aucune résidence, quoique cette même eau soit un violent purgatif : ainsi, l'évaporation de la plûpart des eaux minerales, ne conduit presqu'à rien; car il faut convenir que plusieurs pintes de ces eaux agissent peut-être en vertu d'un grain ou deux de quelque matiere saline ou terreuse, qui étoit d'une division infinie, ou bien que la matiere qui les fait agir s'évapore avec l'eau, de même que dans les eaux diſtilées.

Après la diſtilation de la Veronique dont on vient de parler, on a mis ce qui s'eſt trouvé dans la Cucurbite, dans une Cornuë de grez, d'où l'on a tiré par un feu très-moderé deux portions d'eſprit, qui peſoient treize onces cinq gros. Cet eſprit a la même odeur que l'eſprit de Tartre, mais il eſt moins acide; car il ne rougit la ſolution de Tourneſol qu'en rouge-brun; il altere bien moins l'huile de Tartre, & n'épaiſſit pas ſi fort l'eſprit de Sel-ammoniac. Il eſt vrai que cet acide, dans l'eſprit de Veronique, eſt moderé par une légere portion de Sel-alcali; car il blanchit la ſolution de ſublimé, au-delà de ce qu'on appelle le louche, & enſuite on s'apperçoit de quelques grumeaux.

Ayant poussé le feu, l'huile fetide a passé dans le Balon, mêlée avec quatre onces d'esprit, de même caractere que le précédent ; l'huile étoit fort épaisse, & au poids de dix onces trois gros ; la tête morte bien calcinée & lessivée a donné trois gros de Sel fixe, & dix gros de terre.

Il y a apparence, après toutes ces recherches, que la Veronique, dans son état naturel, contient beaucoup d'acide, lequel étant mêlé avec la terre, forme une matiere semblable à ce qu'on appelle Sel de Corail, qui, comme tout le monde sçait, n'est que terre rassasiée d'acide. Dans la Veronique il y en a beaucoup plus qu'il n'en faut pour rassasier la terre qui s'y trouve. D'ailleurs ces deux principes sont unis avec beaucoup de souffre, & l'on ne sçauroit disconvenir qu'il n'y ait aussi quelque legere portion d'esprit urineux; mais elle s'y trouve en si petite quantité, qu'elle ne doit pas entrer en ligne de compte. Il y a beaucoup d'apparence que l'acide, le souffre & le flegme sont les parties actives & dominantes de cette Plante. Il est bon de remarquer aussi que l'infusion de la Veronique devient assez noire par le mêlange du Vitriol: celle du foin en fait de même, & c'est un indice que ces infusions ont quelque chose de la nature de la galle, qui leur donne un petit dégré de stipticité, que l'on peut rapporter à l'acide & à la terre qui s'y trouvent.

CHAPITRE III.

Comparaiſon de la Veronique avec le Thé.

LA comparaiſon de la Veronique avec le Thé, ne peut tomber que ſur leurs vertus, & c'eſt tout ce que l'on peut ſouhaiter pour l'uſage de la Médecine ; car d'ailleurs ces Plantes ſont très différentes par leurs pores & par leurs parties : la reſſemblance de leurs feüilles étant très certainement fort legere.

Le Thé eſt un arbriſſeau qui naît dans le Royaume de Siam, dans la Chine & dans le Japon : ſes feüilles ſont aſſez ſemblables à celles de nos Amandiers, mais beaucoup plus minces, & crenelées plus proprement : les fleurs en ſont à cinq feüilles blanchâtres, diſpoſées autour du même centre, qui eſt occupé par une toufe d'étamines ; à ces fleurs ſuccédent des fruits verts d'abord, puis fort bruns : ce ſont des coques aſſez dures, quoique minces, quelquefois ſimples & ſphériques, qui crévent le plus ſouvent, & laiſſent voir une eſpèce de noiſette, moins brune & plus liſſe, remplie d'un noyau charnu. On trouve quelques-uns de ces fruits à deux coques, & d'autres à trois ; elles ſont ſéparées par des cloiſons rouſſâtres & luiſantes. M. Tournefort, de l'Académie Royale des Sciences, en conſerve dans ſon Cabinet, qui ſont fort bien conditionnées. Toute la Plante, excepté les fleurs, eſt gravée aſſez proprement dans Brenius. *

Tous ceux qui ont écrit de la

* *Cent.* 1. 112.

Chine & du Japon, disent des merveilles de l'infusion des feüilles du Thé ; ce remede purifie les humeurs dans les uns par la transpiration ; & dans les autres, par la voie des urines : il tranquilise & dissipe ces cruelles insomnies, qui fatiguent si fort les malades ; les vapeurs les plus fâcheuses cédent bien souvent à son usage, ainsi que les vertiges & les douleurs de tête, causées par des crudités & par des indigestions.

Le Thé est un aperitif benin, qui débourbe les visceres dans les maladies chroniques, sans emporter avec trop de violence les digues qui s'opposent au cours des liqueurs, ni faire de ces fontes fâcheuses, que causent la plûpart des remedes chimiques.

L'infusion de Thé guérit le rhume & les rhumatismes, non-seulement en adoucissant la limphe

phe & les sérosités aigries ou salées, mais en leur procurant des passages plus libres par les conduits urinaires ; & comme cette Plante fortifie les parties nourricieres, & décrasse celles qui sont destinées pour les secretions des humeurs, il n'est pas surprenant qu'elle en fasse briller les parties les plus spiritueuses, & qu'elle donne lieu au souffre des alimens d'entretenir ce baume de vie, qui est si nécessaire pour se bien porter.

Enfin, le Thé est un puissant stomachique, un excellent divrétique, un bon céphalique ; & il soutient si bien les forces & l'intégrité des fonctions, que ceux qui s'en servent passent des nuits entieres à travailler sans fatigue ni épuisement.

Ce que Bontekoe rapporte du Thé pour la guérison des fiévres intermittentes, me paroît bien ſingulier. Pour chaſſer ces ſortes de fiévres, quelques opiniâtres qu'elles ſoient, il faut le jour de l'accès faire prendre au malade vingt taſſes de Thé, dont la teinture ſoit amere & très forte ; mais les jours d'intermiſſion, il faut qu'il en boive quarante ou cinquante taſſes préparées à la maniere ordinaire.

Les Chinois ſont perſuadés que l'uſage du Thé les garantit du calcul & de la pierre, qui ſont des maladies ſi fréquentes & ſi cruelles dans les autres parties du monde : ils en uſent fort pour fortifier la vuë, pour guérir la ſurdité, la colique & le cours de ventre.

On verra dans le Chapitre ſuivant, que la Veronique n'a pas de moindres vertus.

CHAPITRE IV.

Des vertus de la Veronique.

I. POur les douleurs de tête causées par des indigestions, la Veronique agit plus promptement & plus efficacement que le Thé. Ces têtes vaporeuses, qui ressemblent à des bombes prêtes à éclater, se tranquillisent comme par enchantement par l'infusion de la Veronique, pourvu que l'on prenne le soin de tenir le ventre libre aux malades par l'usage de l'Aloës, ou de quelqu'autre laxatif, d'où dépend le soulagement des hipocondriaques; car sans ce secours les autres remedes, bien loin d'agir, ne font le plus souvent qu'irriter le mal.

II. La Veronique tient les sens dans une vigueur admirable. Les gens de Lettres & les Prédicateurs se trouvent parfaitement bien de son usage en maniere de Thé. Elle réjouit le cerveau, & dissipe cette limphe épaissie, qui empêche les esprits de briller, & qui dans la suite produit des affections soporeuses, & même l'apoplexie. Cette Plante éclaircit la vuë, & rend l'organe de l'oüie bien plus délicat. Elle surpasse la Brunelle pour les maux de gorge, tant en cataplasme qu'en gargarisme, sur tout si ce gargarisme est animé par quelques grains de Sel-ammoniac. La décoction de cette Plante mêlée avec le miel rosat, remet la luette, fortifie les gencives, affermit les dents, & guérit les ulceres scorbutiques, si l'on y ajoute quelques gouttes de teinture de Gomme-laque.

III. La ptisanne de Veronique est spécifique pour la toux séche, & même elle est d'un grand secours pour la fievre lente, ainsi que l'eau distilée de la même Plante. C'est un remede incomparable pour arrêter les paroxismes d'asthme, & pour faire vuider cette colle qui farcit les vesicules & les bronches du poumon. Selon Hofman, on voit des phtysiques se rétablir par l'usage du lait où cette Plante a boüilli ; & des ulceres du poumon, se consolider par le syrop fait avec le jus de la Veronique. Tragus, pour les maladies du poumon, faisoit infuser un gros de feüilles de Veronique dans deux onces & demie de l'eau distilée de la même Plante, y ajoutant un gros d'écorce moyenne de *Solanum scadens, seu Dulcamara.* Zuvelfer se servoit du Rob de Veronique, pour le crachement de sang, & pour les ulceres du poumon. Riviere l'estimoit beaucoup pour les mêmes maladies. Il est rapporté dans les Journaux d'Allemagne, qu'une personne qui avoit une fistule dans la poitrine, fut guérie par l'usage fréquent de l'eau de Veronique; & cette fistule avoit résisté à une infinité de remedes très-bien indiqués. Le syrop de Veronique composé, est merveilleux dans ces sortes d'occasions. Voici la maniere de le faire.

Prenez Veronique entre fleur & graine, deux poignées, feüilles de Scabieuses, de Remons, de Bugle, de Sanicle, de Ruta muraria, de Pulmonaire, de Consoude, de chacune une poignée, d'Ache cinq ou six feüilles, des fleurs de Bourrache, de Buglose, de Violettes, de Pas-d'âne, de chacune demi-once ; lavez le tout proprement, & le mettez infuser dans quatre pintes d'eau de riviere, pour les faire bouillir jusqu'à la diminution de la moitié : il faut ensuite passer la décoction par un linge, & la faire bouillir avec demi-once de Réglisse, autant de Jujubes & de Sebestes, une once de Raisin de Damas, de Dattes & de Figues, jusqu'à ce que le tout soit réduit à trois chopines : alors on la repasse par un linge, & l'on y ajoute une livre de miel ou de sucre, pour en faire un syrop.

IV. N'admirera-t-on pas les vertus de la Veronique, par rapport au calcul & aux maladies de la vessie ? Il y a une très-belle observation dans les Journaux d'Allemagne, qui nous apprend qu'une femme, par le long usage de la décoction de cette Plante, avoit rendu du calcul qui l'incommodoit depuis environ seize ans. Craton, Erafte, Gefner, qui ont été les plus fameux Médecins de leurs temps, s'en fervoient très-utilement pour cette maladie. Pour la colique-néfrétique, après les faignées néceffaires, il faut faire mettre le malade dans le bain préparé avec la décoction de la Veronique, appliquer le marc de cette décoction fur le bas ventre, donner des lavemens avec la Veronique, & en faire boire l'infufion, à laquelle on ajoutera les yeux d'Ecreviffe. Craton & Simon Pauli faifoient préparer ces lavemens avec la Veronique bouillie dans du lait de Vache & du fucre. Le même lait eft admirable pour le cours de ventre & pour la diffenterie. Cette Plante fait des merveilles dans l'hydropifie, après la ponction : rien ne débouche mieux les viſceres & n'entraîne plus aiſément les obſtacles, qui s'oppoſant aux cours des liqueurs, donnoient lieu aux épanchemens des ſéroſités dans la capacité du bas ventre. Le foye ne s'égoute pas ſeulement par l'uſage de ce remede ; mais ſa tiſſure, de racornie qu'elle étoit, devient ſouple, douillette, obéïſſante. Les urines, de briquetées qu'elles étoient, donnent des marques de coction, & ſe rétabliſſent peu à peu. On a vu bien des hydropiques, dont les parties n'étoient pas gâtées jusqu'à un certain point, guérir par l'uſage de cette Plante. Son extrait préparé avec les bayes de Genievre, comme l'enſeigne Fabricius-Hildanus, eſt d'un grand ſecours dans toutes les obſtructions des parties du bas ventre. L'uſage de ſa poudre fortifie la matrice, &

en éloigne les causes de la sterilité. Hofman, par le moyen de cette poudre délayée dans de l'eau, a fait faire des enfans à des femmes qui avoient perdu l'esperance de concevoir, après plusieurs années de mariage.

V. La Veronique est un puissant sudorifique : c'étoit le grand secret de Craton dans la peste & dans les fiévres malignes. Schroder, Cesalpin, Tragus, Zuvelfer en faisoient le même usage. Ce dernier donnoit deux onces d'esprit de Veronique, mêlée avec un peu de Teriaque, pour faire suer ses malades. Cet esprit se fait en distilant le vin où la Veronique a été en digestion pendant quelques jours. Le même Auteur employoit aussi le Rob fait avec deux livres de suc de Veronique, & une livre de sucre. L'expérience a fait connoître que cette

Plante n'étoit pas moins efficace pour les fiévres intermittentes : il faut faire boire un grand verre de sa ptisanne à l'entrée de l'accès, ou bien faire boire au malade trois cuillerées de son jus, le couvrir raisonnablement, & le laisser quatre heures sans lui donner de nourriture.

VI. La Veronique est un des plus excellens Vulneraires que nous ayons. Sa vertu, dans les usages extérieures que l'on en fait tous les jours, n'est pas moins avantageuse ni moins connuë : elle est astringente & résolutive. Par les mêmes principes qu'elle emporte les obstructions, elle ouvre les pores de la peau, & incise les matieres qui y étoient retenuës. Ces matieres s'échappant au travers de ces soupiraux, donnent lieu aux fibres de se rétablir par leur ressort ; & la tumeur ou le relâchement étant dissipé par résolution, on a coutume de dire que la Plante est astringente ; de même qu'on l'appelle aperitive, lorsqu'elle dégage les visceres & les parties glanduleuses : ainsi, ouvrir & resserer ne sont que des qualités relatives, qui dépendent des mêmes principes, & qui nous donnent occasion de les appeller de différens noms.

VII. L'eau de Veronique est merveilleuse pour arrêter la gangrene : elle chasse & éloigne toutes sortes de corruptions des playes. Les glandes bassinées de cette eau, & les feüilles de ladite Plante pillées & appliquées dessus, guérissent en peu de temps. Pour les simples playes, blessures, coupures & pour toutes sortes de contusions, il ne faut qu'en broyer grossierement les feüilles, & les mettre sur la partie. Nous avons bien

bien des Plantes qui font le même effet, comme le Persil, la Racine vierge, le Cerfeuil ; mais je n'en connois point de si souveraine que la Veronique pour les maladies de la peau. Cesalpin, Fuchsius & Liebaut assurent qu'un Roi de France fut guéri de la lépre par les fomentations qu'on lui faisoit avec l'eau de cette Plante. Il n'est point de galle ni de gratelle qui ne céde à cette eau : elle desseche les ulceres des jambes, qui ne supposent point de carie dans les os. Horstius arrêtoit avec ce remede les ulceres qu'on nomme ambulans, & qui font de si grands progrès en peu de temps. Du Renou la donne pour un spécifique dans le cancer. Il y a des personnes qui font un grand secret de l'eau de Veronique pour effacer les taches du visage. Il est certain que c'est un excellent cosmetique.

Comme on a dit ci-devant que la Veronique se prend en guise de Thé, & que chacun ne sçait pas comme on doit la préparer, en voici la maniere.

On fait bouillir de l'eau dans un vaisseau bien net, on y met des feüilles de Veronique séchées comme nous avons dit ci-devant, *page* 13. Quand elle a jetté un bouillon, on la retire du feu, & on la laisse infuser pendant un demi-quart d'heure. Il faut boire cette eau le plus chaud que l'on peut ; & comme elle est amere, on y peut mettre un peu de sucre pour l'adoucir. La dose est d'une pincée pour chaque verre d'eau, si c'est du mâle ; & deux pincées si c'est de la femelle : on en peut mettre plus ou moins, tant de l'une que de l'autre espèce, suivant que l'on veut la boisson plus forte ou plus foible. Plusieurs font infuser desdites feüilles dans du vin blanc ou dans de l'eau de pluye, pour dissiper dans le moment les plus grandes douleurs de tête & les indigestions. On a cependant éprouvé que l'infusion dans l'eau bouillante fait le même effet.

Comme M. Francus a confirmé par ses Observations la plûpart des vertus connuës de la Veronique, & que d'ailleurs il en a observé de nouvelles, on a cru qu'il étoit nécessaire de rapporter ici toutes lesdites Observations.

CHAPITRE V.

Obſervations de M. Francus ſur les vertus de la Veronique.

I. UNe pauvre femme âgée de ſoixante-quinze ans, tourmentée d'un aſthme & d'une toux, qui ne lui donnoient aucun relâche, a été guérie parfaitement par l'uſage de la poudre de la Veronique mêlée avec un peu de miel : on mêle un gros de poudre avec une once de miel ; le malade prend ce remede le matin à jeun ; l'après midi, trois heures après avoir dîné ; & le ſoir, deux heures après avoir ſoupé.

II. Une femme aſthmatique & hydropique, après avoir inutilement éprouvé pluſieurs remedes, eut recours à moi, qui lui conſeillai de faire bouillir dans une ſuffiſante quantité d'eau de pluïe, deux poignées de Veronique avec une once de Regliſſe, d'exprimer le tout par un linge, & d'ajouter à ce qui ſeroit paſſé, ſix onces de vinaigre, avec une quantité raiſonnable d'extrait de Genievre : elle uſa de ce remede pendant quelques jours, & fut parfaitement bien guérie.

III. Une malade tourmentée depuis long-temps d'une toux des plus opiniâtres, a été guérie en prenant ſeulement deux fois le jour un demi-gros de poudre de Veronique dans de l'eau de ſauge.

IV. Un Homme que des douleurs de reins mettoient à une ſi grande extrêmité, qu'on auroit cru qu'il alloit expirer, a été entierement délivré de la gravelle, en ſuivant le conſeil que je lui donnai, de prendre ſouvent de la Veronique mêlée avec de l'hydromel ; sçavoir, un gros de poudre de cette Plante dans deux onces d'hydromel. Cet Homme a été si bien guéri, qu'il s'est marié depuis, & a eu plusieurs enfans.

V. Un enfant de dix ans, fils d'un de mes voisins, ayant été mordu d'un chien, fut guéri dans quatorze jours par les feüilles de la Veronique, que l'on appliquoit sur la playe, après les avoir écrasées, par l'avis d'un Chirurgien appellé Elie *W*alther.

VI. Un Paysan qui fauchoit du foin, étant dangereusement blessé au pied par un de ses camarades, mit sur sa playe, par l'avis d'une bonne femme qui se trouva sur le lieu, des feüilles de Veronique broyées, & fut parfaitement guéri.

VII. Un de mes parens âgé

de quarante ans, étant malade d'une hydropisie, accompagnée de fiévre, eut le malheur de se mettre entre les mains d'une femme qui augmenta son mal par plusieurs remedes qu'elle lui fit prendre mal-à-propos. Le malade étant à l'extrêmité, me consulta; je le guéris par le remede suivant. On fit infuser pendant deux heures sur des cendres chaudes, deux poignées de Veronique dans une pinte de bon vin, ensuite on exprima la liqueur, dans laquelle on fit infuser de même deux autres poignées de Veronique; on exprima de nouveau, & l'on fit une troisiéme infusion de Veronique, que l'on fit bouillir légerement, après quoi l'on mit ce vin dans une bouteille. Le malade prit plusieurs fois le jour trois cuillerées de ce vin mêlé avec un peu de vin ordinaire; la fiévre cessa, l'enflure fut tout-à-fait dissipée.

VIII. Un homme qu'un morceau de verre avoit blessé à l'œil, & qui avoit entierement perdu la vuë, la recouvra en bassinant cette partie où il y avoit un dépôt considérable, avec du suc de Veronique bien dépuré, auquel on avoit ajouté un peu de Camphre, couvrant la blessure avec un cataplasme adoucissant.

IX. Une Dame âgée de quarante-deux ans, extrêmement malade après un accouchement laborieux, où il avoit fallu tirer son enfant par morceaux, ne trouva pas de meilleur moyen pour remédier à l'enflure & à l'inflammation que l'accouchement avoit laissé dans les parties, que d'y faire appliquer un cataplasme de Veronique cuite dans du lait.

X. Je sçai certainement que la

poudre dont le Sçavant Muller ſe ſervoit avec tant de ſuccès contre la pierre, n'étoit que la poudre de Veronique.

XI. Une Femme de qualité, qui avoit la fiévre double-tierce depuis ſix mois, guérit parfaitement par l'uſage du vin de Veronique, dont on a parlé dans la ſeptiéme Obſervation : on y ajoutoit quelques gouttes d'Huile eſſentielle de Romarin, & la malade fut purgée avec l'Antimoine préparé.

XII. Un Bavarrois de qualité, que le trop fréquent uſage de la Rhubarbe avoit rendu ſujet aux vertiges, après avoir été purgé pluſieurs fois, ſans en recevoir aucun ſoulagement, fut entierement guéri de ce fâcheux accident par la ptiſanne de Veronique, où il mettoit un peu de Coriandre & de Raiſins ſecs.

XIII. Un fameux Médecin, mort depuis quelques années, fit une cure admirable par le secours de la Veronique. Le malade, âgé de vingt-sept ans, avoit un empieme, il rendit beaucoup de pûs par la bouche, ramassé en pelotons, qui avoient la consistence de suif ; après quoi, continuant l'usage de cette Plante, il fut parfaitement guéri.

XIV. Une Paysanne d'un Bourg voisin de notre Ville, appellé Berg, étant tourmentée d'une violente disurie, & se trouvant entre les mains d'un Empirique, qui ne faisoit qu'augmenter ses douleurs, bien loin de lui procurer du soulagement, a été délivrée de cette maladie par des cataplasmes de Veronique, pilée & passée par la poële avec du beurre frais : on appliqua seulement deux ou trois de ces cataplasmes sur la région du Pubis.

XV. Une femme qui rendoit du sang par ses urines depuis un an, pour avoir reçu plusieurs coups de bâton sous la plante des pieds, par son mari, fut guérie par mon conseil, avec l'usage de la Veronique.

XVI. M. Melderus, Docteur en Médecine, rapporte qu'un Médecin étranger l'a assuré qu'un Gentilhomme qui avoit un ulcere dans le poumon, & qui d'ailleurs étoit tourmenté d'une violente toux & d'un asthme fâcheux, avoit été parfaitement guéri par la décoction de la Veronique, dont il se servit pendant quelques semaines. Tant il est vrai de dire que la nature aime les remedes simples.

XVII. Ma femme, qui s'appelle Veronique de nom de Baptême, étant attaquée d'une toux ſi violente, qu'elle lui cauſoit de grands vomiſſemens, ſouffroit cruellement pendant la nuit. Je lui fis prendre une ptiſanne avec la Regliſſe, les Figues, la racine d'Iris de Florence, & celle d'Enula-Campana; mais ne pouvant pas s'accommoder de cette boiſſon, je lui en fis préparer une autre avec la Veronique, les Raiſins ſecs & la Canelle. La toux fut appaiſée après le quatriéme jour, ſi bien qu'elle ne jugea plus à propos de s'en ſervir. Dans ce temps-là une pauvre femme du Village de Holzſchuang, d'une conſtitution aſſez ſéche, d'une poitrine retrécie, fatiguée d'une horrible toux, paſſant pardevant chez nous pour mandier ſon pain, me pria très-inſtamment de lui enſeigner par charité quelque remede. Je m'aviſai alors de lui donner le reſte de la ptiſanne dont ma ma femme ne prenoit plus ; j'y ajoutai de nouvelles herbes : la malade en but pendant quelques jours, & fut rétablie si parfaitement, qu'elle m'en vint remercier toute transportée de joye.

XVIII. J'ai appris d'un bon Homme, qu'il n'y a pas de remede plus sûr pour guérir les petits ulceres qui rongent le nez, que de les graisser avec la composition suivante. Mêlez avec un peu de graisse d'Anguille une once de poudre de Veronique, & trois gros de Ceruse.

XIX. Un jeune Chirurgien m'a assuré qu'il avoit connu dans ses voyages quelques Chirurgiens qui guérissoient les Gonorrhées, en faisant des injections dans la partie avec le suc de Veronique bien dépuré : on peut faire prendre ce suc par la bouche.

XX. Un malade tourmenté

d'un mal de tête, causé par le vice de l'estomac, voulut se guérir par l'usage du Thé, mais en vain. Je lui conseillai de se servir de la Veronique, au lieu du Thé: il le fit pendant quelques jours, & guérit.

XXI. J'ai guéri par l'usage de la Veronique une personne qui étoit attaquée tous les jours d'un grand mal de tête, provenant d'une affection scorbutique. Voici comment je m'y pris: j'ordonnai d'abord un vomitif, ensuite je mis le malade à l'usage d'une ptisanne faite avec la Veronique, la Menianthe (qu'on appelle *Trifolium fibrinum*) & les Raisins secs. Ce remede eut un tel succès, que le malade recouvra la santé en peu de temps. Un Homme de qualité dont j'ai parlé dans ma Dissertation sur le Mercure donné mal-à-propos, en fut guéri le plus heureusement du monde.

XXII. Je fus un jour appellé pour voir le petit garçon d'une personne de cette Ville ; il avoit toute la région des hypocondres très-enflée. Je lui fis appliquer de la Veronique fricassée avec du beurre ; on continua le remede pendant quatre jours, après quoi le malade se porta tout-à-fait bien.

XXIII. Un jeune Ecolier, qui avoit le corps tout couvert de galle, a été parfaitement guéri, sans faire d'autre remede que de boire tous les jours la décoction de Veronique, ayant pris une Médecine ordinaire pour se disposer à guérison. L'eau distilée de la même Plante fait suer merveilleusement. Je la préfere à l'eau de Fumeterre.

XXIV. La Veronique est un diurétique assuré. J'ai connu une

fille qui, par le seul usage de cette Plante, s'est guérie d'une grande difficulté d'uriner, qui subsistoit depuis trois jours : elle but la ptisanne de Veronique, à laquelle on ajouta demi-gros des yeux d'Ecrévisses.

XXV. Un Enfant de dix ans & demi, qui avoit le visage tout rempli de pustules, a été guéri de cette difformité par le secours de l'Antimoine-diaphrotique, & de la ptisanne de Veronique, dont il usoit extérieurement & intérieurement.

XXVI. Je me souviens d'avoir vu une pauvre Femme, que l'usage seul de la Veronique avoit guérie d'une galle séche qui la tenoit depuis quinze ans.

XXVII. Une Fille d'un an, sujette à des grands gonflemens des hypocondres, ne pouvoit guérir par tous les remedes que les

Charlatans lui faiſoient. On la crut incurable : cependant afin qu'on n'eût pas à ſe reprocher de l'avoir laiſſé mourir ſans appeller aucun Médecin, ſes parens me prierent de la voir. J'ordonnai ſur le champ la décoction de Veronique en lavement, que l'on réïtera dans la ſuite, & fis préparer un Julep compoſé avec l'eau de Veronique & la décoction de Raiſins ſecs : on le fit prendre à la malade par cuillerées, elle guérit, & ſe porte parfaitement bien depuis ce temps-là. Il eſt bon de remarquer que cet enfant rendit des urines d'une odeur ſi puante, que perſonne ne pouvoit les ſouffrir.

XXVIII. Un Tiſſerand, âgé de quarante-deux ans, ſujet à des cathares, étoit fort incommodé d'une fluxion qui couloit des ſinus de la tête par le nez, & que l'on appelle ordinairement, *Coryza*. Je lui conseillai de faire une ptisane avec la Veronique, les bayes de Genievre & la graine de fenoüil. Il en but pendant quelques jours, & se rétablit si parfaitement, qu'il ne fut plus sujet à ces sortes d'incommodités.

XXIX. Il y a onze ans qu'un Etranger âgé d'environ vingt-six ans, fort pauvre, mais qui paroissoit assez honnête homme, me consulta sur ses incommodités. Il étoit presque dans le Marasme, sa respiration étoit fort embarrassée. Il avoit une cruelle toux, & rendoit des matieres purulentes par ses crachats. Comme il n'étoit pas en état de faire de la dépense en remedes, je lui ordonnai de prendre pendant un mois du Rob de Veronique, qui n'est autre chose que le suc de cette Plante, épaissi sur le feu :

il s'en trouva fort bien. Je le mis ensuite à l'usage de l'Elixir de propriété de Paracelse, dont il prenoit quelques gouttes dans du vin. Ce pauvre homme recouvra sa santé peu à peu, & voulut m'obliger, par reconnoissance, d'accepter un Livre qui avoit pour titre, l'Art de peindre en mignature.

XXX. Je fis boire un jour de la ptisane de Veronique à un Enfant qui venoit de tomber sur les dégrès, & qui s'étoit rudement blessé. Ce seul remede dissipa toutes les contusions, & le guérit, sans qu'on eut besoin d'autre secours.

XXXI. Une pauvre Paysane m'a assuré qu'elle avoit arrêté plusieurs fois des pertes de sang très-fâcheuses, qui étoient des suites des régles immoderées, & cela par la poudre de Veronique mêlée avec l'Acacia, qui n'eſt autre choſe que l'extrait des prunelles. Je ne ſçai ſi nos Médecins ont de pareilles Obſervations ſur l'uſage du Thé.

XXXII. Un Payſan qui avoit la tête mangée par la teigne, & que mille ſortes de remedes n'avoient pu guérir, fut délivré de ce mal par la ſeule décoction de Veronique.

XXXIII. Je me ſouviens d'un jeune Homme, qui, après avoir été cinq mois malade d'une jauniſſe qui l'avoit jetté dans la Cakexie, accompagnée d'inſomnies cruelles, & d'une fiévre qui le minoit peu à peu, ne trouvoit de ſoulagement dans l'uſage d'aucun remede. Une bonne femme lui conſeilla de boire le matin à jeun, & le ſoir en ſe couchant, du vin roſé, où l'on avoit fait bouillir de la Veronique; il fut entierement rétabli.

XXXIV. Un Charpentier s'étant blessé avec sa hache, prit de la Veronique, la macha, & l'appliqua sur sa blessure : il fut guéri dans deux jours.

XXXV. Un malade qui pissoit le sang, & qui ne vouloit prendre aucun remede par la bouche, fut guéri par un cataplasme fait avec la Veronique & l'eau de Forgeron, que je lui fis appliquer de temps en temps sur le dos.

XXXVI. Un Homme qui depuis sept jours étoit tourmenté d'une cruelle douleur de reins qui s'étendoit vers les ureteres (ce qu'on appelle proprement, colique néfrétique) ne recevant aucun soulagement des remedes que lui donnoit un Charlatan, en qui il avoit beaucoup de confiance, m'envoya querir. Je lui fis appliquer chaudement sur le perinée, un cataplasme de Veronique, broyée avec l'huile de Lin. Peu de temps après l'application de ce remede, le malade urina abondamment, & fut quitte de sa douleur.

XXXVII. Dans le temps que j'étudiois à Wirtemberg, une Lavandiere m'assura qu'elle avoit été long-temps attaquée d'une grande douleur, qui la prenoit par intervalles à la cuisse gauche; qu'elle avoit tenté inutilement plusieurs remedes pour adoucir ce mal; & qu'enfin elle s'en étoit délivrée, en appliquant sur la partie malade, de la Veronique bouillie dans du vin & de l'eau.

XXXVIII. La Servante d'un Curé avoit, à soixante ans, des ulceres aux jambes, & souffroit de grandes douleurs de cette maladie. Le Chirurgien du lieu, qui la traitoit depuis cinq ans par ſes Topiques & par ſes Pilules, n'avoit ſçu la ſoulager. Je fus mandé, & je reconnus que la malade avoit une affection ſcorbutique, qu'il falloit traiter par des ſpécifiques. Je la mis donc pendant vingt jours à l'uſage d'une ptiſanne composée avec la Veronique, la Menianthe & la Canelle. Je fis auſſi appliquer ſur les ulceres, le ſuc de Veronique, & au bout de vingt jours cette pauvre Servante fut guérie. On voit par là de quelle conſéquence il eſt dans les maladies chroniques, d'examiner s'il n'y a rien qui approche du ſcorbut.

XXXIX. Je me ſouviens d'avoir guéri de la maniere ſuivante, une perſonne qui avoit des Puſtules Vénériennes aux Jambes, aux Parties & à la Bouche. Je la fis vomir, & lui fis prendre enſuite la ptiſanne compoſée avec la Veronique, le bois & l'extrait de Genievre.

X L. Un Homme qui depuis un an avoit un crachement de ſang & de pus, avec un dégoût extrême, & qui ſéchoit ſur ſes pieds, après avoir tenté pluſieurs remedes, uſa de la Veronique pendant un mois, par mon avis, & guérit.

CHAP. VI.

CHAPITRE VI.

Observations faites à Reims & Villages voisins, sur les vertus de la Veronique, particulierement de la Veronique Femelle, dont on se sert beaucoup plus que du Mâle pour la distilation, étant plus abondante & plus commune, & dont on a parlé à la fin du premier Chapitre, page 13.

I. UNE Dame de Reims, âgée de soixante ans, étoit fort sujette à des vertiges & des étourdissemens : ils étoient tels, que si elle n'eût pris la précaution de se faire toujours accompagner d'un domestique, lorsqu'elle pouvoit être seule, elle eût souvent risqué de tomber de son haut. Elle prit de la Veronique en maniere de Thé, & au bout de quelques mois ses étourdissemens cesserent, & elle n'en fut dans la suite aucunement incommodée.

II. Un jeune Ecolier de quatorze ans avoit un mal de tête si considérable, qu'il lui étoit impossible d'étudier, ou même de lire une demi-heure de suite. Il prit de la Veronique en guise de Thé, se fit raser la tête, & pendant une quinzaine de jours la frotta d'un linge mouillé d'eau de Veronique distilée; & il fut parfaitement guéri.

III. Julienne Gourmet, femme de Jean Maillot, Jardinier de l'Abbaye de S. Nicaise de Reims, eut, il y a quelques années, un grand mal de sein, causé par une trop grande abondance de lait. Le mal commença par une dureté intérieure, qui aboutit enfin à une playe, d'où sortoit une grande quantité de pûs, & qui la mit en danger de perdre la vie. Elle fit plusieurs remedes, mais toujours sans effet. Une de ses voisines, qui se servoit fort utilement de l'eau de Veronique femelle, qu'elle cueilloit dans le Jardin dudit Maillot, & qu'elle faisoit distiler, lui conseilla de s'en servir. Elle en donna à la malade, qui en bassina sa playe avec tant de succès, qu'au bout de deux jours elle ne sentit plus aucune douleur. Quelque temps après, continuant ledit remede, elle fut entierement guérie.

IV. Une Femme ayant un clou à la jouë, y mit une emplâtre de Diapalme, qui le fit percer; mais comme elle continuoit toujours ladite emplâtre, & que la playe augmentoit tous les jours avec de grandes douleurs, elle eut recours à une Dame charitable, qui lui conseilla de mettre dessus une feüille de Poirée, ou Joute rouge, tant pour en ôter le feu qui y étoit, qu'une grosse croute qui s'y étoit formée; après quoi elle lui donna dans une phiole de l'eau de Veronique distilée, pour en bassiner sa playe: ce qu'elle fit pendant quelque temps, & elle fut parfaitement guérie.

V. Un Homme de Pont-Faverger étoit en danger de perdre une jambe par une playe où la gangrene s'étoit mise. Après avoir inutilement tenté plusieurs remedes, il se servit de l'eau de Veronique distilée, dont il bassinoit sa playe, & appliquoit dessus en cataplasme, l'herbe pilée de ladite Plante; & après avoir renouvellé plusieurs fois le même remede, la gangrene s'est entierement dissipée, & dans la suite il s'est trouvé dans une parfaite guérison.

On auroit pu rapporter ici un plus grand nombre d'expériences qui se sont faites & se font tous les jours par la vertu de la Veronique, tant de l'une que de l'autre espèce ; mais on a cru que celles-ci suffisoient pour faire connoître au Public les secours que l'on peut tirer de cette Plante.

M. Francus la nomme, Reine des Herbes ; & à la fin de son Traité sur les propriétés de cette Plante, après avoir fait l'éloge de la Veronique, il s'abandonne à une espèce de transport, qui fait bien connoître combien ce Sçavant Médecin estimoit ce Vulneraire. *Je vous saluë*, dit-il, *Plante de benédiction. Je vous saluë, Reine des Herbes, présent incomparable de la Nature, souverain Vulneraire à qui sont confiees tant de vies ; à vous soit loüange & gloire au-dessus de toutes les Herbes de la terre.*

CHAPITRE VII.

Maniere de faire l'Onguent de la Veronique femelle.

ON fait macerer pendant vingt-quatre heures les feüilles de cette Plante dans autant de vin blanc qu'il en faut pour les couvrir, puis on en exprime le ſuc, qu'on fait enſuite bouillir juſqu'à diminution d'un tiers : on y ajoute après autant de Sain-doux qu'il en faut pour lui donner la conſiſtence d'Onguent.

ROB DE VERONIQUE.

Pour faire le Rob de Veronique, il faut prendre trois livres de ce ſuc, après l'avoir bien dépuré auparavant, en le faisant bouillir légerement, & le passant ensuite par la chausse. On y mêle une livre & demie de sucre ou de miel bien écumé, & on fait cuire le tout à un feu très-doux, jusqu'à consistence de miel. Tous les Robs doivent se faire dans un vaisseau de terre vernisé.

FIN.

PERMISSION.

SUr la requisition de PIERRE DELAISTRE & de NICOLAS-PIERRE DELAISTRE, Marchands Libraires en cette Ville ; à ce qu'il leur soit permis d'imprimer ou faire imprimer le Livre intitulé : *Le Thé de l'Europe*, ou *les proprietés de la Veronique*, *&c.* Vû ledit Livre.

Je consens pour le Roi à la r'impression requise : Et défenses à tous autres de l'imprimer ou faire imprimer pendant un an, à commencer du jour que ledit Livre sera achevé d'imprimer. A Reims ce 30 May 1746. *Signé* BERGEAT, Lieutenant Général de Police.

Thé des Chinois

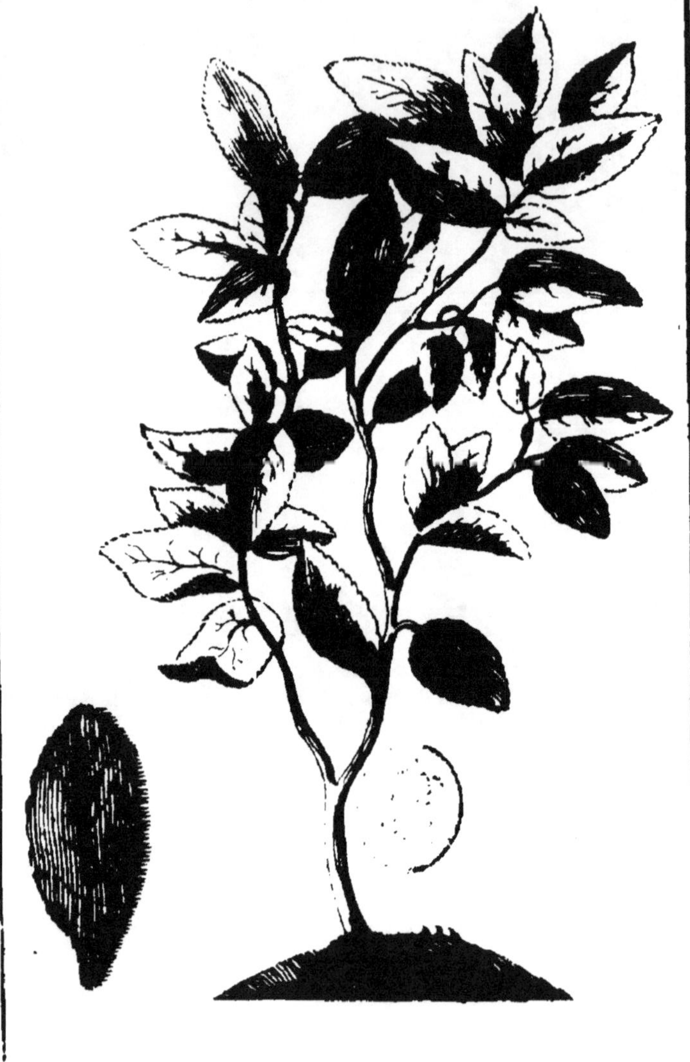

Veronique

www.ingramcontent.com/pod-product-compliance
Lightning Source LLC
LaVergne TN
LVHW050428160826
845677LV00002BA/588

* 9 7 8 2 3 2 9 6 9 6 4 2 3 *